BERICHTE ÜBER DIE VERHANDLUNGEN DER SÄCHSISCHEN AKADEMIE DER WISSENSCHAFTEN ZU LEIPZIG

Mathematisch-naturwissenschaftliche Klasse

Band 98 · Heft 5

ERICH STRACK

DIE DAUERINFUSION ALS VERFAHREN ZUR ERFORSCHUNG DES KOHLENHYDRATSTOFFWECHSELS DES TIERKÖRPERS

1952

AKADEMIE-VERLAG BERLIN

Vorgetragen in der Sitzung vom 11. Dezember 1950

Manuskript eingeliefert am 29. Oktober 1951

Druckfertig erklärt am 11. Februar 1952

Erschienen im Akademie-Verlag GmbH., Berlin NW 7, Schiffbauerdamm 19

Lizenz-Nr. 202 · 100/118/51

Satz und Druck der Buchdruckerei F. Mitzlaff, Rudolstadt/Thür. (1372) V/14/7

Bestell- und Verlagsnummer 2027/98/5

Preis: DM 2.—

Printed in Germany

Unter Dauerinfusion versteht man in der Medizin das Verfahren, Mensch oder Tier über längere Zeit verteilt flüssige Stoffe zuzuführen. Diese meist mechanisierte Zuführung findet sehr vielseitige Anwendung. Altbekannt sind die Nährklistiere in den Dickdarm, bei denen man wochenlang Einläufe macht. Heute infundiert man auch ununterbrochen bis zu vielen Stunden in die Haut und subkutan, in den Magen und Darm, in die Körperhöhlen, in das Knochenmark und in das Gefäßsystem. In den letzten Jahren ist besonders die intravenöse Infusion häufig angewendet worden, um Kranken teils in therapeutischer Absicht Salzlösungen, Medikamente usw. zuzuführen, teils um sie parenteral zu ernähren. Kohlenhydrate, hydrolysiertes Eiweiß und feinst verteiltes Fett wurden verabfolgt, zuweilen sogar in Mengen, die größer waren, als der Darm aufsaugen kann.

Aussichtsreich ist die Dauerinfusion auch als diagnostisches Hilfsmittel z. B. in Gestalt kontinuierlicher Belastungen, um den Funktionszustand von Organen zu ermitteln. Die größte Bedeutung der exakt durchgeführten Dauerinfusion liegt aber darin, daß sie tiefe Erkenntnismöglichkeiten in der Experimentalforschung erschließt. Mit ihr sind toxikologische Fragen, quantitative Leistungen des physiologischen und des krankhaft veränderten Stoffwechsels, Hormonwirkungen, Regulationsvorgänge im Tierkörper, humorale Reizauslösungen und vieles andere mehr ausgezeichnet zu studieren. Für viele Stoffwechselprobleme vermag zur Zeit allein diese Methodik treffende Einblicke in das Zusammenspiel des Stoffwechsels zu vermitteln, denn die wochenlangen Dauerinfusionen mit ihrer zwangsweisen einseitigen Zufuhr sind durch kein anderes Verfahren zu ersetzen.

Aus der vielseitigen Anwendbarkeit der Dauerinfusion soll an dieser Stelle nur jene besprochen werden, die den Kohlenhydratstoffwechsel betrifft, und auch in diesem Gebiet soll das Charakteristische der Dauerinfusion nur an einigen Fragen entwickelt werden, die dem eignen Forschungskreis entstammen[1]. Die folgenden Bemerkungen über den Forschungsgang im Kohlenhydratstoffwechsel und die späteren über seine Zusammenhänge sollen Sinn und Wert der Dauerinfusion für das Stoffwechselstudium nahebringen. Kürze und zweckheischender Charakter zwingen, das umfangreiche Schrifttum unberücksichtigt zu lassen und zwingen weiterhin zu einseitiger Betrachtungsweise, die die komplizierten Verhältnisse stark vereinfacht und beschränkt, sie mithin vergröbert und schwarz-weiß zeichnet, jedoch den Kern des Problems nicht verfälscht.

Der intermediäre Stoffwechsel des Tierkörpers ist ein so verwobenes Ganzes, daß fast jede experimentelle Ergründung eines Teilvorganges das innige Zusammenspiel stört. Das Experiment gibt deshalb meist nur ein durch die jeweiligen Experimentalbedingungen verändertes Geschehen wieder. Die Einsicht wird auf Kosten der wirklichen Zusammenhänge erzwungen. Das wird so recht deutlich, wenn man versucht, den aus den Experimentalergebnissen zergliederten Stoffwechsel zu rekonstruieren. Ohne überbrückende Annahmen und fixierende Unterstellungen erhält man nur selten ein sinnvolles Geschehen. Ist schließlich eine Reproduktion gelungen, so zeigt sie bei kritischer Prüfung, daß ihr wesentlicher Inhalt aus nicht bewiesenen Hypothesen besteht. Nicht einmal einfache Grundreaktionen des Stoffwechsels sind heute in ihrer Dynamik so gesichert, daß man auf ihnen aufbauen kann. Und dies nach fast 100jähriger Stoffwechselforschung auf naturwissenschaftlicher Basis.

Worin liegt denn nun dieses Versagen unserer Forschung? Befragen wir den Tierkörper durch das Experiment, das einfach oder komplex an ihn örtlich oder insgesamt gerichtet sein mag, immer

[1] Zum Teil noch unveröffentlichte Arbeiten mit den Mitarbeitern: A. Loeschke, K. Blum, E. Bauer, E. Balzer, E. Gminder, R. Martin, F. Friedrich, G. Wannschaff.

antwortet uns der Gesamtorganismus in seiner undurchsichtigen Vielfältigkeit. Soll ein einzelner Stoffwechselvorgang im physiologischen Gesamtgeschehen in seiner Stellung und Bedeutung erkannt und in seiner Dynamik richtig eingeordnet werden, so muß er experimentell von möglichst vielen Seiten angeschnitten werden. Im Kohlenhydrathaushalt ließ sich trotzdem keine klare Vorstellung des physiologischen Geschehens gewinnen, weil es in der Vergangenheit nicht gelang, die Hauptreaktionen von den Nebenreaktionen, das Hintereinander von dem Nebeneinander, die Ursache von der Wirkung, die, einmal entstanden, ja wiederum Ursache einer neu nachfolgenden Wirkung wird, genügend klar zu trennen.

Beträchtlichen Einfluß auf die mangelnde Klarheit der ablaufenden Reaktionsweisen hatte der Umstand, daß sich die Erkenntnisse der Einzelexperimente nicht zu einem sinnvollen Gesamtgeschehen zusammenfügen ließen. Ihre Grundbedingungen waren zu ungleichartig, und es fehlte ihnen hierdurch die gemeinsame Vergleichsbasis. Oftmals wurden auch Experimentalergebnisse, nur weil sie mehrfach bestätigt schienen, zu Unrecht als echtes physiologisches Teilgeschehen unterstellt und auf ihnen als gesicherter Grundlage weiter aufgebaut. Von der rein experimentellen Seite her stifteten unzweckmäßige Untersuchungsverfahren und die zu wenig beweiskräftigen Meßgrößen wie der Blutzucker weitere Verwirrung.

So entwickelte sich schließlich der klägliche Zustand, daß sich aus den vielen Tausenden von wertvollen Einzelarbeiten im Kohlenhydrathaushalt, die im Laufe eines halben Jahrhunderts gemacht wurden, entgegengesetzte Auslegungen herleiteten, von denen jede mehr oder weniger experimentell bewiesen worden ist. Man erschreckt, wenn man den wirklichen Gewinn mit der Unsumme von hineingesteckter Arbeit vergleicht.

Für die praktische Medizin zeugten die experimentellen Widersprüche ebenso unerquickliche Auswirkungen, da aus ihnen nicht nur die krankhafte Abweichung gedeutet, sondern auf sie auch Behandlungsweisen aufgebaut wurden. Im Rahmen des Kohlenhydrathaushaltes ist die Zuckerkrankheit, der Diabetes mellitus, ein solches im Nebel von Hypothese und jeweiliger Experimentalerkenntnis umherirrendes Schiff. Für die Millionen zuckerkranker Menschen in der Welt gibt es keine gesicherte, allseitig anerkannte Behandlungsweise.

Die Stoffwechselforschung zeigte uns so täglich aufs Neue, daß mit den herkömmlichen Methoden keine tragfähigen Grundlagen zu schaffen waren, daß unsere Forschungsweise grundsätzlich ungeeignet und unzweckmäßig war. Vor allem war zu fordern, daß man aus der Unsicherheit herauskommt. Dazu waren neue Verfahren notwendig. Es sind mannigfache Ansätze gemacht worden, aber es mangelte an durchgreifenden Neugestaltungen. Bei diesem Stand der Verhältnisse hatte ich vor 20 Jahren versucht, den Stoffwechsel von der methodischen Seite her mit der Dauerinfusion einsichtiger zu machen.

Inzwischen ist seit einigen Jahren eine andere Methodik eifrigst betrieben worden, an der wir leider nur gering teilhaben. Mit isotopen Elementen, die bei der Atomforschung anfallen, können Stoffe markiert und auf ihrem Wege durch den Körper verfolgt werden. Die isotopen Elemente eröffnen uns im Stoffwechsel Einsichten ungeahnter Weite. Ihr Schwerpunkt liegt vorerst in stofflich-molekularer Betrachtung. Es mag hier hervorgehoben sein, daß die Dauerinfusion durch die Beforschung mit Isotopen nicht überholt ist. Beide Verfahren vermögen sich vielmehr auf das Beste zu ergänzen. Der Schwerpunkt der Dauerinfusion liegt im Vergleich, in der Betrachtung der quantitativen Verhältnisse und der Regelungen des Stoffwechsels im Gesamtorganismus.

Die Absicht war, die Dauerinfusion zu einem Untersuchungsverfahren zu entwickeln, das Stoffwechselvorgänge vergleichsfähig macht, auch wenn sie unter völlig verschiedenartigen Bedingungen angelegt werden. Das Verfahren gründet sich darauf, daß man mit ihm einen Stoff stets gleichbleibend zuführen kann. Damit bleibt die stoffliche Bezugsgröße gesichert. Im Prinzip ist das Infusionsverfahren eine völlig gleichmäßige, langdauernde, mechanisierte Infusion flüssiger oder gelöster Stoffe, die an beliebiger, passender Körperstelle angesetzt wird. Wir haben bisher enteral und intravenös infundiert.

Stoffzufuhren dieser Art sind nicht physiologisch teils durch die gewählten Infusionsorte, teils aber auch gerade durch die gewünschte gleichmäßige Zufuhr. Das natürliche Nährstoffangebot an den verarbeitenden Stoffwechsel ist keineswegs gleichmäßig. Nahrung wird periodisch aufgenommen, und das Angebot an den Stoffwechsel schwankt durch die Magenentleerung wie durch die Verdauung. Der Stoffwechsel verarbeitet und steuert sich zudem rhythmisch. Aber weil man den Tierkörper mit der Dauerinfusion zwingen kann, sich mit dem jeweiligen zeitlich bekannten Angebot auseinanderzusetzen, also eine darauf eingestellte Reaktionslage längere Zeit hindurch zu halten, ergibt sich die besondere Einsichts- und Vergleichsmöglichkeit.

Man kann mit der Dauerinfusion erreichen, daß einer Mengensteigerung in der Zufuhr auch eine echte Steigerung der Stoffwechselbelastung entspricht. Die Stoffmenge, die Zufuhrzeit und die Verarbeitungsfähigkeit des Tierkörpers sind somit in ein erkennbares und bezugsfähiges System gebracht. Man muß selbstverständlich darauf bedacht sein, daß sich solche Abstimmungen erst einstellen müssen. Der Tierkörper ist zudem ein Flüssigkeitsreservoir, das vorher abgesättigt werden muß. Diese Abstimmung ist von Stoff und Menge abhängig. Sie pflegt meist in einigen Stunden eingetreten zu sein. In diesem Zustand ist der Haushalt mit seinen verschiedenen Verwertungswegen auf die Zufuhr eingeregelt.

Eine kurze Auswahl möge einige jener vorteilhaften Studienmöglichkeiten darlegen, die die Dauerinfusion gewährt:

1. Man kann bei verschiedenen Versuchen beliebige Zeiträume und wechselnd große Mengen exakt aufeinander beziehen. Erst mit der Dauerinfusion läßt sich eine echte quantitative Betrachtungsweise aufbauen. Bei gewöhnlicher stoßartiger Zufuhr kann eine größere Menge den Stoffwechsel entweder verstärkt oder auch nur verlängert belasten, da z. B. vorübergehende Stapelungen im Körper Teile des Angebotes dem Umsatz zeitweilig vorenthalten. Sind für einen Stoff die Verwertungswege konzentrationsabhängig, so sind die zeitlich umgesetzten Mengen maßgeblich. Bei den üblichen Stoßzufuhren sind sie unbekannt. Eine nicht genügend eingestellte

Abstimmung ist mit einer der Gründe, weshalb die so viel verwendeten kurzzeitigen Stoßzufuhren keine klaren Einsichten gewähren und schließlich zu falschen Rückschlüssen führen. Dieser Zusammenhang zwischen Zufuhr und Verarbeitung läßt sich sehr schön an Stoffen demonstrieren, die mäßig umgesetzt und gestapelt und leicht ausgeschieden werden. Beim Glyzerin bestimmt die Zufuhrart wesentlich, wieviel der Tierkörper im Harn ausscheidet, also von einer Menge verarbeitet und spiegelt damit unwahre Verarbeitungsfähigkeiten vor.

2. Man kann verschiedene Tierarten und Einzelindividuen in ihren Ansprechbarkeiten auf Stoffzufuhren miteinander gut vergleichen. Insbesondere wenn man eine Körpereinheit wie Gewicht, Oberfläche, tätige Gewebsmasse usw. der zeitlichen Zufuhr zugrunde legt. Die aktive Gewebskapazität ist eine für Stoffumsätze aufschlußreichere Bezugsgröße als die anderen Grundeinheiten. Man kann die Aktivität des Gesamtkörpers oder die einzelner Organe als Einheit wählen. Sie sind mit der Dauerinfusion als Grenzwerte von Verarbeitungskapazitäten gegebenenfalls festzulegen. Grenzwerte sind nicht nur an Insuffizienzerscheinungen, sondern mit der Dauerinfusion auch im physiologischen Bereich festzulegen.

3. Man kann ein Tier unter besonderen Bedingungen untersuchen, z. B. einen Körperteil bei gerade laufendem, abgestimmtem Stoffumsatz ein- oder ausschalten und dadurch dessen Anteil festlegen. Auch hier ist die stofflich eindeutige Vergleichsfähigkeit von großem Vorteil.

4. Man kann die Anpassungsfähigkeit des Tierkörpers, seine Gewöhnung, die Rhythmik seiner Lebensvorgänge gut studieren. Man kann z. B. die Rhythmik durch angepaßte Zufuhr verstärken oder abschwächen und so die echten endogenen rhythmischen Vorgänge von den exogen erzeugten abgrenzen.

5. Man kann im Verein mit weiteren Verfahren, z. B. Gaswechselmessungen, die einzelnen mengenabhängigen Umsatzwege erkennen, ihre Grenzen festlegen und mit derart ermittelten Grenzwerten neue Einsichten eröffnen.

6. Man kann die Funktionstüchtigkeit von Organen prüfen. Wird nicht gleichmäßig infundiert, ist die tatsächliche Belastung des Organes unbekannt, was vielen der klinischen Belastungsverfahren die Sicherheit nimmt.

7. Man kann die Sonderwirkung von Stoffen studieren, wenn sie von verschiedenen Körperstellen zugeführt werden, z. B. Vergleiche zwischen enteraler und intravenöser Zufuhr anstellen, messen, wie sich beeinflussende Stoffe miteinander reagieren, durch Kombination von Ort und Stoffen neue quantitative Einblicke erzwingen.

8. Man kann neue charakterisierende Wertmaße für Stoffe ausarbeiten, z. B. in das Problem der Bildung von Zucker aus anderen Nährstoffen eine „zeitliche Zuckerwertigkeit" bilden, die aufschlußreicher ist als das bisherige Kriterium der reinen Mengenvergleiche.

Um den Zuckerhaushalt zu studieren, haben wir die intravenöse Infusion gewählt. In gleicher Absicht haben schon eine Reihe früherer Forscher, wie Wierzuchowski, ähnlich angelegte Untersuchungen ausgeführt. Auch sie studierten Zuckermenge, Insulineinfluß und Umsatzfähigkeit.

Unsere Untersuchungen gingen über die jener Forscher jedoch entscheidend hinaus. Wir verlangten, daß Zucker und Insulin oder beide gleichzeitig langdauernd (Tage bis Wochen) völlig gleichmäßig infundiert wurden. Es zeigte sich, daß eine solche Forderung für viele Grundfragen notwendig ist, insbesondere wenn bei diesen Untersuchungen Vergleiche gezogen werden sollen. Wir benutzten Hunde, die nach einem von Flaschenträger und Mitarb. angegebenen, von uns modifizierten Verfahren durch die linke vena jugularis in das rechte Herz infundiert wurden. Aus dieser Anordnung ergeben sich einige unphysiologische Besonderheiten, da z. B. bei ihr die Leber der Zufuhr nachgeschaltet ist. Sie sollen jedoch bei unseren grundsätzlichen Betrachtungen nicht weiter berücksichtigt werden.

Folgende Vorteile, die die intravenöse Infusion gegenüber der enteralen bietet, seien noch kurz hervorgehoben.

1. Man vermeidet Darmgärungen, die häufig bei länger dauernden enteralen Zuckerinfusionen stören.

2. Man schaltet mit der intravenösen Dauerinfusion die Zufuhrbeschränkung durch den Magen-Darm aus. Ins strömende Blut sind beliebig hohe Zuckerkonzentrationen und praktisch unbegrenzte Mengen zu geben. Die oberen Verarbeitungsgrenzen des Gesamtkörpers und die einzelner Organe sind somit bestimmbar.

3. Man kann die Dosierung des Zuckers sprungartig ändern, dabei aber doch die erzeugte Stoffwechseländerung auf eine in der Zeiteinheit gleichbleibende Menge beziehen. Das ist für die Analyse der Regelungsvorgänge durch Zuckerbelastungen von großem Vorteil. In dieser Weise sollten auch die diagnostischen Größen der diabetischen Störung ermittelt werden.

4. Man kann den Stoffwechsel einschleichend oder stoßartig belasten oder entlasten, wodurch Abstimmungsmaßnahmen des Körpers sichtbar gemacht werden können.

5. Man kann zugleich mit dem Zucker abgestimmte Mengen an Hormonen, z. B. Insulin, zuführen und die einander beeinflussenden Partner je nach Wunsch abstufen. Enteral ist Insulin nicht zuzuführen. Man kann weiterhin nach dem Entfernen der körpereigenen Hormonquelle durch gesteuerte kontinuierliche Zufuhr ihre Wirkung und Bedeutung festlegen, Ausgleichsbereiche, Bedarf, Gegenregulation und ähnliches ermitteln.

Nachdem nunmehr dargelegt ist, wie vielfältig und vorteilhaft die Dauerinfusion angewendet werden kann, gestatten Sie mir, vor den experimentellen Beispielen kurz einige Zusammenhänge im Stoffwechsel vom Zucker her gesehen zu erläutern.

Der Stoffwechsel der höheren Lebewesen muß in seiner gesamten Vielfältigkeit ablaufen, wenn diese sich in dem Zustand erhalten wollen, den wir physiologisch und als gesund bezeichnen. Jede der Einzelzellen braucht den Stoffwechsel einerseits dazu, ihren Zelleib aufzubauen, zu erhalten und zu vermehren, andererseits dazu, Energie für Arbeitsleistungen frei zu machen. Wir unterscheiden deshalb einen Baustoffwechsel und einen Betriebs-, Arbeits- oder Energiestoffwechsel, ohne sie beide streng voneinander abgrenzen zu können. Sie haben viele Querverbindungen.

Kohlenhydrate werden im Baustoffwechsel nur wenig und gleichmäßig verbraucht, hauptsächlich im Energiestoffwechsel verbrannt. Die Kohlenhydrate haben ihrem Zweck gemäß verschiedene chemische Konstitution. Im Energiestoffwechsel werden die Hexosen und von ihnen fast ausschließlich der Traubenzucker eingesetzt. Sein Polymerisationsprodukt ist das Glykogen.

Der Energiestoffwechsel, den wir allein betrachten wollen, wird von nur wenigen Stoffen bestritten, hauptsächlich Traubenzucker und Fett. Werden andere Stoffe zugeführt, so versucht die Zelle sie in jene beiden Stoffe umzuformen oder das Stoffangebot so herzurichten, daß die Teilstücke in den geläufigen Mechanismus ihrer gewohnten Abbauwege eingeschleust werden können.

Um den Brennstoff rationell zu verwerten, treibt die Zelle auch Vorratswirtschaft mit ihm. Aus überschüssigem Angebot legt sie durch Umbau in wasserunlösliche Stoffe Depots an, die durch Mobilisierung und Rückverwandlung wieder als Brennstoff eingesetzt werden. Fett und Glykogen sind derartige Depotstoffe. Beide sind in den anderen Stoff überführbar.

Diese Grundreaktionen sind in jeder Einzelzelle erhalten, auch wenn sie im Zellverband des Körpers liegt. Darüber hinaus treibt jedoch der Tierkörper eine planvolle Gemeinschaftswirtschaft. Er legt in bestimmten Organen Depots an, die zum Teil in anderen Organen wieder in gewünschten Brennstoff umgeformt und auf dem Blutwege der Einzelzelle angeboten werden. Welcher Vorgang, Deponierung oder Mobilisierung, gerade eingesetzt ist, bestimmt die augenblickliche Stofflage, das Angebot durch Zufuhr und die Nachfrage durch Verbrauch im Haushalt der Zellen.

Diesen Teil der Stoffverwertung wollen wir als Umwandlungsstoffwechsel oder Regelungsstoffwechsel bezeichnen. Er läuft neben dem eigentlichen Verbrauchsstoffwechsel einher. Es liegt in der Funktion des Umwandlungsstoffwechsels, daß er dem Verbrauchsstoffwechsel nachgeordnet ist. Die Verbrennung, die Kalorienversorgung hat das Primat. Sie bestimmt auch den Regelungsstoffwechsel. Der Tierkörper muß deshalb über Regelungseinrichtungen verfügen, die imstande sind, die Umwandlungen vielseitig angepaßt und schnell zu steuern. Das Zusammenspiel zwischen Stoffverbrauch einerseits und Stoffmobilisierung und Deponierung andererseits ist sehr fein ausgeglichen. Es kommt nur zu geringem Unter- oder Überschießen über den augenblicklichen Bedarf. Die fördernde und hemmende Steuerung, teils zentral, teils peripher gelegen, scheint ihre Impulse aus den Änderungen der gelösten Stoffe in den Säften zu erhalten.

Die physiologischen Konzentrationen im Blut und in den Säften gewähren den Zellen anscheinend die optimale Versorgung. Sichtbarer Ausdruck hierfür ist das Streben des Körpers, das strömende Blut als die die Zellen versorgende Flüssigkeit möglichst konstant zusammengesetzt zu erhalten, trotz wechselnder Mengenanforderung durch die Zellen.

Der Tierkörper wird also bei Bedarf Depotstoffe mobilisieren und Zellsubstanzen einreißen, um bedürftige Zellen anderen Ortes zu versorgen. Andererseits wird er bei Überangebot Nährstoff deponieren. Bei der täglichen Ernährung, bei der zur Zeit der Aufsaugung eine Stoffschwemme besteht, während die Nahrungszwischenzeiten Mangelzeiten werden können, treten beide Prozesse wechselnd stark in Erscheinung. Um die optimale Versorgung der Zellen jederzeit zu sichern, muß der Körper im Endeffekt das ungleichmäßig exogene Angebot in ein gleichbleibendes endogenes umwandeln.

Treibt man diese Überlegung folgestreng weiter, so erscheint es zweckvoll, und es ist auch durchaus nicht unwahrscheinlich, daß sich die Zellen auf einen qualitativen Stoffumsatz einrichten. Dann mögen gewisse Tätigkeiten der Zellen bestimmten Brennstoff benötigen, für die die Nährstoffe nicht austauschfähig sind. Wird z. B. nur Fett gefüttert, so muß der Organismus Fett oder andere Stoffe in Zucker umwandeln, bis der Mindestbedarf gedeckt ist. Der Umbau könnte in der Zelle selbst oder in einem fernen Organ wie der Leber vor sich gehen.

Ein solcherart eingerichteter Stoffwechsel genügt der Beobachtung, daß nicht das Angebot an Nährstoff den Stoffverbrauch in der Peripherie bestimmt, sondern daß jede Zelle von sich aus Art und Menge an Brennstoff festlegt.

Verbrennungs- und Regelungsstoffwechsel bleiben in diesem Rahmen voneinander abhängig, behalten aber daneben ihre Eigengesetzlichkeiten. Sie sind dann etwa derart aufeinander abgestimmt, daß der Verbrennungsstoffwechsel durch seine wechselnden quantitativen Anforderungen den Regelungsstoffwechsel zur angepaßt qualitativen Umbauleistung veranlaßt. Anzunehmen ist, daß die Zellen ihre Verbrennungen in begrenztem Umfange dem verschiedenen Stoffangebot anpassen können. Der Verbrauchsstoffwechsel entbehrt in dieser Hinsicht keineswegs einer gewissen Elastizität, ist aber doch nicht in der Lage, bestimmte Grenzen zu überschreiten. Ist der Regelungsstoffwechsel genügend eigenständig, so werden sich Störungen als selbständige Krankheiten abgrenzen lassen, die man berechtigt als Regelungserkrankungen bezeichnen kann, wie es in letzter Zeit für den Diabetes mellitus getan wird. Für den Kohlenhydrathaushalt wäre z. B. die Frage von Interesse, ob der Diabetes mellitus, wenn er allein auf Insulinmangel beruht, eine reine Regelungserkrankung ist, oder ob nicht daneben doch auch noch tiefer greifende Störungen durch Insulinmangel im Verbrauchsstoffwechsel entstehen, was ich annahm.

Wie die lokalen Verhältnisse bei der Stoffversorgung der Zellen auch immer sein mögen, Tatsache ist, daß der Tierkörper eine bestimmte Mindestmenge an Zucker einsetzen muß, wenn er voll lebensfähig bleiben will. Sie liegt etwa bei einem Viertel des Gesamtkalorienbedarfs. Sie ändert sich mit den verschiedenen Stoffwechsellagen des Körpers, denen sich der Regelungsstoffwechsel jederzeit gut anpassen muß.

Am besten scheint die Versorgung des Körpers dann gesichert, wenn er sich unabhängig von der Zufuhr macht, wenn die Umwandlungen oder Mobilisierungen ununterbrochen sozusagen in einem endogen festgelegten Kreis ablaufen. Zugeführte Nährstoffe würden dann in die eigentliche Zellversorgung nur statistisch eintreten. Sie werden vermischt mit dem endogen bereiteten Nährstoffstrom angeboten, der zeitliche Überschuß deponiert. Zufuhr von

Zucker unterbindet nicht die endogene Neubildung, wenn letztere auch eingeschränkt werden dürfte. Die rationelle Umstellung des Stoffwechsels auf eine zweckmäßige neue Dauerlage, wie sie sich durch geänderte einseitige Stoffzufuhr als Ausdruck neuer konstanter Verteilungen der Stoffeinsätze herausbildet, ist zeitabhängig, während die Deponierung und Mobilisierung rasch eingesetzt werden können. Der Regelungsstoffwechsel insgesamt und seine Beeinflussungen sind also auch zeitabhängig. Wenn man seine Reaktionsweisen studieren will, darf man die zeitlichen Verhältnisse nicht außer acht lassen. In der Umstellungszeit ist der Organismus in einer sich langsam ändernden, vielleicht labilen Reaktionslage. Bei der Dauerinfusion machte sich diese Tatsache in der langsamen Umstimmung des Stoffwechsels, in der allmählichen Abstimmung auf experimentell geschaffene neue Lagen bemerkbar. Die Vorstellung, daß durch Zufuhr neu aufgeteilte endogene Nährstoffverteilungen sich zeitabhängig einstellen, ist bedeutungsvoll beim Grundumsatz, bei der spez.-dynam. Wirkung und erklärt den Einfluß der Vorernährung auf die Stoffverwertung und auf die Regelungseinsätze.

Folgendes vereinfachtes Schema, das nur Fett und Traubenzucker als Partner hat, mag die oben angeschnittenen Verhältnisse versinnbildlichen. Aus dem Schema geht hervor, daß die einzelnen Verwertungswege des Zuckers konzentrationsabhängig sein müssen.

Am besten kennzeichnet man die Verwertung des Zuckers als „gesteuerte Konkurrenzverwertung", bei der das zeitliche Angebot und die zeitliche Nachfrage sowie die augenblickliche Reaktionslage beherrschend sind. Die Art der Zufuhr des Zuckers beeinflußt zwar nicht den Verbrauch in der Peripherie wesentlich, bestimmt aber den Verwertungsweg maßgeblich. Da Kriterien wie die Blutzuckeränderungen keine Entscheidungen über den Verwertungsweg zulassen, so kann der gleiche Effekt eine völlig andere Grundursache haben. Hier würden Markierungen der Zucker mit isotopen Elementen in Verbindung mit der Dauerinfusion erheblich Klarheit schaffen. Aber davon sind wir zur Zeit noch weit entfernt.

Schon diese kurzen Ausführungen unterstreichen die Forderung nach stofflich klaren und reproduzierbaren Grundbedingungen aufs eindringlichste, wenn die Verwertung eines Stoffes genügend einsichtig werden soll. Sie wird noch größer, wenn weitere einflußnehmende Stoffe wie das Insulin in den Kreis der Betrachtungen einbezogen werden.

Zugeführter Zucker hat sechs Verwertungsmöglichkeiten im Körper, die beim Studium des Zuckerhaushaltes beachtet werden müssen.

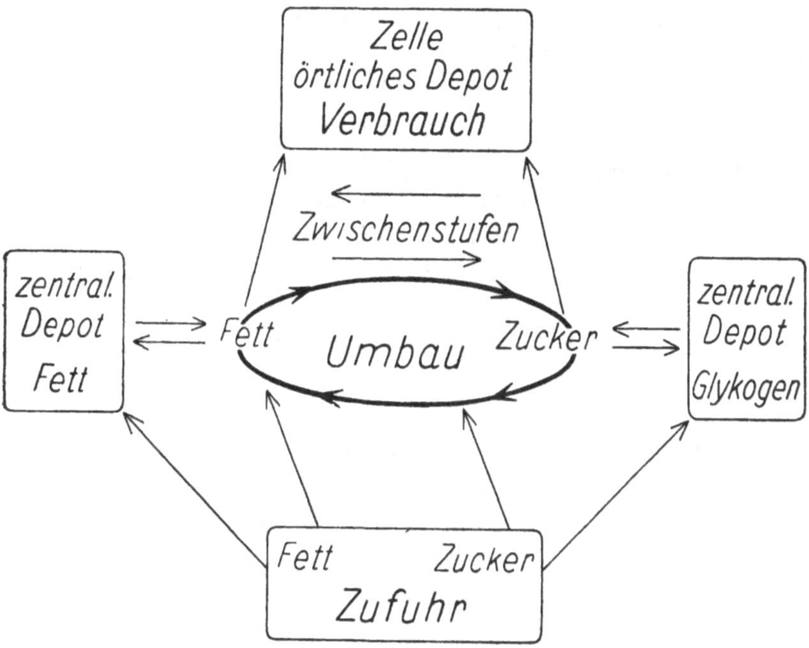

Sie treten abhängig von der Versuchsanlegung, der Stoffmenge, der Zufuhrart und -zeit, der Meßgröße und dem Zustand des Stoffwechsels mehr oder weniger stark hervor. 1. Zugeführter Zucker erhöht die Konzentration der Körpersäfte an Glukose. 2. Zucker wird im Baustoffwechsel festgelegt. 3. Ein zeitliches Zuviel an Zucker kann im Harn ausgeschieden werden. 4. Zucker wird verbrannt (Abbau). 5. Zucker wird als Glykogen gestapelt (Anbau). 6. Zucker wird zu Fett umgebaut (Umbau).

Von besonderem Interesse sind Abbau, Anbau, Umbau, weil sie ein wechselndes Angebot an Zucker bestimmend verarbeiten. Der Abbau ist nach oben begrenzt durch die zeitliche Kalorienproduktion. Der Anbau ist für kurzzeitige Zufuhren stark einsatzfähig, hat aber eine beschränkte Gesamtkapazität. Der Umbau ist von zeitlich beschränkter, auf längere Zeit gesehen jedoch von großer Aufnahmefähigkeit.

Diese Verteilung zeigt ein Versuch am normalen Hund, der an unserem Institut 1937 ausgeführt wurde. Von 2 g Traubenzucker kg/Std. verbrannten 33%, wurden 33% zu Glykogen angebaut, 9% zu Fett umgebaut und 25% im Harn ausgeschieden. Das Verhältnis ändert sich mit der infundierten Menge. Steigert man die Zuckerzufuhr, so verwertet der Körper zwar anteilmäßig weniger, insgesamt aber vermehrt, wie schon WIERZUCHOWSKI fand. Eine obere Grenze gibt es anscheinend nicht, wenn man die Zufuhrzeiten entsprechend anpaßt. Schon bei 2 g kg/Std. vermag noch so viel Insulin weder den Blutzucker zu senken noch die Verwertung zu verbessern. Die Wirkungsgrenze des Insulin ist überschritten. Nachlassende Wirkung des Insulin zeigt sich auch bei steigenden Mengen unter 2 g Traubenzucker. Wir fanden, um den venösen Blutzucker bei normal 90 mg% zu halten, bis 1,2 g ein Äquivalent von 7,4, bei 1,6 g von 6,5, bei 1,8 g von 3,8, bei 2 g ein Äquivalent von 1 und tiefer. Diese Ergebnisse kehren die Schlüsse aus früheren Beobachtungen ALLANS ins Gegenteil um.

Andere unserer Beobachtungen mit alleiniger Insulinzufuhr bei normalen nüchternen Hunden ergeben, daß Mengen von 0,01—0,025 I.E. kg/Std. anfänglich langdauernde Blutzuckererhöhungen von 20—30 mg% erzeugten. Kleinere oder größere Mengen taten das nicht oder nur schwach. Die Verträglichkeitsgrenze bei nüchternen Hunden lag bei etwa 0,06 I.E. kg/Std. bei einem Blutzucker von etwa 50 mg%. Bei größeren Insulinmengen traten hypoglykämische Krämpfe auf. Andererseits ruft Insulin keine Störungen hervor, wenn man nur den Zucker derart zuführt, daß der Blutzucker nicht unter 50 mg% sinkt.

Wieweit das den Kohlenhydrathaushalt beherrschende Insulin die einzelnen Verwertungswege des Zuckers bestimmt, ist durchaus offen. Nach HOUSSAY verschwindet der bestehende Insulindiabetes, wenn man die Hypophyse entfernt. Es wäre demnach Insulin für die Verwertung des Zuckers nicht unbedingt nötig. Andererseits besteht im stoffwechselgesunden Körper ein bestimmtes Verhältnis zwischen Insulin und Zuckerumsatz, das der Kliniker auch beim Diabeteskranken im Glukose-Äquivalent festlegt. Darüber hinaus gibt es Beobachtungen, daß Menschen auf Insulinzufuhr nicht reagieren, insulinresistent sind, und trotz reichlicher Zufuhr von Insulin erheblich Zucker im Harn ausscheiden.

Diese widerspruchsvollen Beobachtungen erklärte CORI durch die Annahme: Zwei sich entgegenarbeitende Hormone, Hypophysenvorderlappenhormon und Insulin hemmen und enthemmen die den Zucker phosphorylierende Hexokinase. Jedoch genügt diese Erklärung nicht für alle Beobachtungen. Bei der praktischen Frage des Zuckeräquivalents, wo ja stets eine bestimmte absolute Insulinmenge für die Zuckerverwertung verlangt wird, ist die Relativität der Beziehungen zwischen den beiden Hormonen nicht verwirklicht. Der physiologische Zuckerhaushalt verlangt Mindestmengen an Insulin.

Entfernt man einem Hund das Pankreas, so ist er in Hinsicht auf seinen Kohlenhydrathaushalt durch den Verlust seiner Insulinquelle als voll insulindiabetisch anzusehen. Infundiert man ihm etwa 0,1 I.E. kg/Std., so hält er nüchtern die normale Blutzuckerhöhe. Infundiert man ihm zugleich noch Zucker, so steigt der venöse Blutzucker an, und im Harn erscheint Zucker. Steigert man nunmehr die Insulinzufuhr, so kann man die normale Blutzuckerhöhe wiederherstellen. Die hierfür benötigte Mindestmenge an zugelegtem Insulin im Vergleich zur zugeführten Zuckermenge gibt das Äquivalent an. Etwa 11—17 g Zucker kann eine I.E. umsetzen. Läßt man das Tier in der Nüchterneinstellung 1—2 Tage, also ohne Zucker und ohne Äquivalentinsulin und infundiert dann das gleiche Verhältnis beider Stoffe wieder, so steigt trotz der eben bewiesenen Abstimmung der Blutzucker über mehrere Tage von normal 90 auf 300 mg% und mehr an, um dann erst wieder auf die Norm abzusinken. Durch verstärkte Sonderzufuhr von Insulin kann man diese Blutzuckererhöhung etwas abschwächen, aber nicht unterdrücken. Es ist daher nicht anzunehmen, daß die vorübergehend verschlechterte Zuckerverwertung auf etwa noch überschießendem Hypophysenhormon beruhte. Es hatte sich vermutlich eine neue Reaktionslage im Stoffhaushalt ausgebildet, die erst allmählich wieder zurückgebildet wird.

Durch die gleiche Versuchsweise können wir das Problem der „Bahnung" kritisch angehen, das sich in gleichen Effekten bei diabetischen Hunden als auch bei normalen und diabetischen Menschen zeigt. Nach längerer zuckerfreier Periode ist die Verwertung einer Zuckergabe schlecht. Nach vorhergegangener Zuckerzufuhr wird eine zweite Zuckergabe schneller verwertet. Hierin drücken sich die Bahnungseffekte aus. Sie galten auch als Maß für die Ansprechbarkeit der Inseltätigkeit. Bei Diabetikern wird die Leistungsfähigkeit der Inseln z. B. im Doppelbelastungsversuch mit Zucker nach Staub geprüft und klinisch als Kriterium für die Schwere der Erkrankung benutzt. Unsere diabetischen Tiere zeigten Bahnungseffekte wie die menschlichen Diabeteskranken, obgleich sie keine Insulinquelle mehr hatten. Es kann hier auch kein den Blutzucker steigerndes Hormon des Pankreas tätig gewesen sein. Die Ursache für Blutzuckersteigerung und für die Bahnung muß im Gewebe liegen.

Abgesehen von diesen speziellen Folgerungen muß man sich allgemein fragen: Was sagen denn Blutzuckeränderungen, die so vielen Untersuchungen und Schlußfolgerungen über die Zuckerverwertung und die Insulinwirksamkeit als Kriterium und Maß dienten, überhaupt noch Sicheres aus? War bei jenen Untersuchungen gesichert, daß solche beobachteten Schwankungen des Blutzuckers wirklich eine mangelnde Umsatzfähigkeit erfaßten? Waren sie nur technisch oder organisch bedingte Abstimmungsschwankungen? Wieviel kommt im Einzelfall der einen oder anderen Ursache zu? Wieweit sind andererseits beobachtete Insulinwirkungen überhaupt reell? Konnten wir mit unserer bisherigen Methodik überhaupt den Kern der diabetischen Erkrankung erfassen?

Ähnliche Einwendungen gelten auch für andere Kriterien wie der Zuckerausscheidung im Harn. Sie gibt zwar die quantitativen Umsatzverhältnisse besser wieder als die Blutzuckerhöhe, die mehr die Spannungen im Regelungssystem erkennen läßt, aber sie ist ja ebenfalls von der Höhe des Blutzuckers abhängig.

Ein andersartiges Beispiel, das die Einsatzfähigkeit der Dauerinfusion im Regelungsstoffwechsel zeigt. Benutzt man die Bahnungsvorgänge als allgemeines Kriterium des Kohlenhydrathaushaltes, so kann man sie für tiefere Einsichten auswerten. Bei der Doppelbelastung nach Staub gibt man zwei Zuckerzufuhren nacheinander. Die Blutzuckeränderung nach der zweiten Zuckergabe zeigt an, wieweit die erste den Zuckerhaushalt beeinflußt „gebahnt" hat. Bei diabetischen Störungen ist die Bahnung nur klein, bei normalen Individuen dagegen groß. Im letzteren Falle ist also die zweite Blutzuckererhöhung nur gering.

Gibt man normalen Tieren beide Belastungen als kontinuierliche Infusion und die erstere so lange, daß der Stoffhaushalt sich auf sie abgestimmt hat, so erhält man reproduzierbare Blutzuckerwerte auf die zweite Belastung. Bei Zufuhr von 0,5 g Traubenzucker in der Erstbelastung ist die höchste Bahnung bereits erreicht. Höhere Mengen in der Erstbelastung steigern sie nicht mehr. Niedere Erstbelastungen lassen verminderte Bahnungen entsprechend der Zuckermenge erkennen. Der Wert von 0,5 g Traubenzucker stellt somit einen physiologischen Grenzwert vor. Er und die Effekte bei den geringeren Zuckerzufuhren lassen in erweiterter Anwendung auch bisher kaum zugängliche physiologische Umsatzbereiche erforschen. Zum Beispiel kann Vorernährung mit anderen Stoffen die Zuckerbahnung anregen. Man kann also festlegen, wieweit sie den für die Zuckerverwertung vorgesehenen Regelungsmechanismus beanspruchen. Aus diesen Werten sind neue Hinweise auf die Umsatzart der Stoffe zu ziehen.

Selbstverständlich läßt sich mit der kontinuierlichen Doppelbelastung eine pathologische Verschiebung der Verarbeitungsgrenzen viel eindeutiger und spezieller abgegrenzt als mit peroralen Stoßbelastungen festlegen. Mit letzteren kann man das normale Stoffwechselgeschehen, die krankhaften Abweichungen und die Insulinwirkungen nur ganz grob messen, weil die Abstimmung der beiden Partner mit diesem Verfahren nicht gelingt. Sie müssen in jeder Phase ihrer Wirkung aufeinander abgestimmt sein, wenn man sie aufeinander abgleichen will. Die mangelnde Abstimmung bei Stoßzufuhren mit ihren zeitlich überschießenden Spitzen, wie sie die Nahrungsaufnahme und die Insulinmedikation darstellt, ist eines der Übel, das den schon geschädigten Zuckerhaushalt der Diabeteskranken unter ständig neue Spannungen und Zwangsbedingungen bringt, die ihm nur neue Schäden zufügen.

Diese wenigen Beispiele mögen genügen, um darzulegen, wie vorteilhaft und klärend die Dauerinfusion für Stoffwechselforschungen eingesetzt werden kann und was sie zu leisten vermag. Gerade im Kohlenhydrathaushalt und seinen Störungen ist wegen der nur wenig entscheidenden Kriterien die eindeutige experimentelle und stoffliche Grundlage, wie sie die Dauerinfusion uns gibt, unentbehrlich für klare Befunde.

Schrifttum:

Berichte der math.-phys. Klasse der sächs. Akad. d. Wiss.: Strack, E., Loeschke, A., und Blum, K.: **84**, 129 (1932).

Flaschenträger, B., Fricke, G., Lachmann, H., Lemmel, H., und Barth, M.: **86**, 207 (1934).

Bauer, E.: **88**, 31 (1936).

Strack, E., und Balzer, E.: **89**, 105, 113 (1937).

Strack, E., Balzer, E., und Gminder, E.: **89**, 349 (1937).

Türckheim, W., Kühnau, W. W., und Logaras, G.: **91**, 25 (1939).

Strack, E. und G. Wannschaff: **92**, 119, 127 (1940).

Strack, E.: Ärztliche Forschung **1**, 171 (1947).

Strack, E.: Angewandte Chemie **60**, 52 (1948).

BERICHTE ÜBER DIE VERHANDLUNGEN DER SÄCHSISCHEN AKADEMIE DER WISSENSCHAFTEN ZU LEIPZIG

Mathematisch-naturwissenschaftliche Klasse

BAND 97

Heft 3 *Gerstner, H. / Baark, H. / Graul, H.*
Der Wechselstromwiderstand der Froschhaut (1950)
25 Seiten DM 2.75

Heft 4 *Beckert, Herbert*
Existenz- und Eindeutigkeitsbeweise für das Differenzenverfahren zur Lösung des Anfangswertproblems, des gemischten Anfangs-Randwert- und des charakteristischen Problems einer hyperbolischen Differentialgleichung zweiter Ordnung mit zwei unabhängigen Variablen (1950) 42 Seiten DM 9.—

Heft 5 *Beckert, Herbert*
Über quasilineare hyperbolische Systeme partieller Differentialgleichungen erster Ordnung mit zwei unabhängigen Variablen. Das Anfangswertproblem, die gemischte Anfangs-Randwertaufgabe, das charakteristische Problem (1950)
68 Seiten DM 14.50

Heft 7 *Schubert, Hans*
Über eine lineare Integrodifferentialgleichung mit Zusatzkern (1950) 52 Seiten DM 9.25

Heft 8 *Krupp, Helmar*
Bestimmung der allgemeinen Lösung der Schrödinger-Gleichung für Coulomb-Potential (1950) 28 Seiten DM 5.50

Bestellungen an eine Buchhandlung oder den Verlag erbeten

AKADEMIE-VERLAG · BERLIN NW 7

BERICHTE ÜBER DIE VERHANDLUNGEN DER SÄCHSISCHEN AKADEMIE DER WISSENSCHAFTEN ZU LEIPZIG

Mathematisch-naturwissenschaftliche Klasse

BAND 98

Heft 1 *Schnee, Walter*
Über magische Quadrate und lineare Gitterpunktprobleme (1951) 48 Seiten DM 4.65

Heft 3 *Kegel, Karl*
Der Salzstock Mirowo bei Provadia in Bulgarien (1951) 26 Seiten, 9 Abb. DM 3.—

Heft 4 *Beckert, Herbert / Salié, Hans*
Bemerkungen über die Verbiegung hyperbolisch gekrümmter Flächenstücke. Über Abels Verallgemeinerung der binomischen Formel (1951) 22 Seiten, 2 Abb. DM 2.25

BAND 99

Heft 1 *Brandt, Heinrich*
Über das quadratische Reziprozitätsgesetz (1951) 18 Seiten DM 1.90

Heft 2 *Spackeler, Georg*
Der Gebirgsdruck und seine Beherrschung durch den Bergmann (1951) 36 Seiten, 12 Abb. DM 1.65

BERLINER GEOGRAPHISCHE ARBEITEN

Heft 22 *Kucharski, Hildegard*
Beiträge zur Landwirtschaftsgeographie der Lausitz (1949) 104 Seiten, 4 Transparentblätter, 1 Übersichtstafel DM 12.75

Bestellungen an eine Buchhandlung oder den Verlag erbeten

AKADEMIE-VERLAG · BERLIN NW 7

FSC
www.fsc.org
MIX
Papier | Fördert
gute Waldnutzung
FSC® C083411

Zeitfracht Medien GmbH
Ferdinand-Jühlke-Straße 7
99095 Erfurt, Deutschland
produktsicherheit@kolibri360.de